DB42

湖北省地方标准

DB42/T 2046—2023

水文自动测报站运行维护技术规范

Specification for operation and maintenance
of hydrological automation station

发　　布：湖北省市场监督管理局
主编单位：湖北省水文水资源中心

中国水利水电出版社
www.waterpub.com.cn
·北京·

图书在版编目（CIP）数据

DB42/T 2046-2023水文自动测报站运行维护技术规范 / 湖北省市场监督管理局发布. -- 北京 : 中国水利水电出版社, 2024. 7. -- ISBN 978-7-5226-2595-9

Ⅰ. P336-65

中国国家版本馆CIP数据核字第2024PS0157号

书　　名	湖北省地方标准 **水文自动测报站运行维护技术规范** **DB42/T 2046—2023**	
发　　布	湖北省市场监督管理局	
主编单位	湖北省水文水资源中心	
出版发行	中国水利水电出版社 （北京市海淀区玉渊潭南路 1 号 D 座　100038） 网址：www.waterpub.com.cn E-mail：sales@mwr.gov.cn 电话：（010）68545888（营销中心）	
经　　售	北京科水图书销售有限公司 电话：（010）68545874、63202643 全国各地新华书店和相关出版物销售网点	
排　　版	中国水利水电出版社微机排版中心	
印　　刷	清淞永业（天津）印刷有限公司	
规　　格	210mm×297mm　16 开本　2.25 印张　70 千字	
版　　次	2024 年 7 月第 1 版　2024 年 7 月第 1 次印刷	
定　　价	**32.00 元**	

湖北省地方标准

湖北省市场监督管理局关于
批准发布《排水管道紫外光固化修复技术规范》
等 33 项地方标准的公告

2023 年第 6 号（总第 235 号）

根据《湖北省地方标准管理办法》，我局批准《排水管道紫外光固化修复技术规范》等 33 项湖北省地方标准，现予发布。标准号、标准名称、发布日期和实施日期见附件。标准正文和有关备案信息可通过地方标准信息服务平台（http：//dbba. sacinfo. org. cn/）查询。

附件：33 项湖北省地方标准登记表

湖北省市场监督管理局

2023 年 6 月 27 日

附件

33 项湖北省地方标准登记表

序号	标准号	标 准 名 称	代替标准号	发布日期	实施日期
1	DB42/T 2042—2023	排水管道紫外光固化修复技术规范		2023－06－27	2023－10－27
2	DB42/T 2043—2023	既有住宅和社区适老化改造技术规范		2023－06－27	2023－10－27
3	DB42/T 2044—2023	城市湖泊水生态修复工程成效评估规程		2023－06－27	2023－08－27
4	DB42/T 2045—2023	水质6种邻苯二甲酸酯类化合物的测定 气相色谱-质谱法		2023－06－27	2023－08－27
5	DB42/T 2046—2023	水文自动测报站运行维护技术规范		2023－06－27	2023－08－27
6	DB42/T 2047—2023	固定污染源废气 铜、锌、铬、镍、铅和镉的测定 原子吸收分光光度法		2023－06－27	2023－08－27
7	DB42/T 2048—2023	车用压缩氢气加氢站运营管理规范		2023－06－27	2023－08－27
8	DB42/T 2049—2023	轧钢连续加热炉能效等级与测试规则		2023－06－27	2023－08－27
9	DB42/T 2050—2023	市场监督管理教育培训规范		2023－06－27	2023－08－27
10	DB42/T 2051—2023	文物保护单位保护标志及保护界桩设置规范		2023－06－27	2023－08－27
11	DB42/T 2052—2023	康养文旅综合体建设与服务指南		2023－06－27	2023－08－27
12	DB42/T 2053—2023	马铃薯深沟宽垄机械化栽培技术规程		2023－06－27	2023－08－27
13	DB42/T 2054—2023	平原丘陵地区猕猴桃建园技术规程		2023－06－27	2023－08－27
14	DB42/T 2055—2023	淡水鱼加工机械化前处理技术规范		2023－06－27	2023－08－27
15	DB42/T 2056—2023	田塘、人工池观赏荷花栽培技术规程		2023－06－27	2023－08－27
16	DB42/T 2057—2023	水生蔬菜及其产地环境样品采集技术规范		2023－06－27	2023－08－27
17	DB42/T 2058—2023	低氟茶生产技术规程		2023－06－27	2023－08－27
18	DB42/T 2059—2023	持续低温雨雪冰冻过程强度等级		2023－06－27	2023－08－27

序号	标准号	标 准 名 称	代替标准号	发布日期	实施日期
19	DB42/T 2060—2023	地理标志产品　洪湖莲子		2023-06-27	2023-08-27
20	DB42/T 2061—2023	地理标志产品　洪湖藕带		2023-06-27	2023-08-27
21	DB42/T 2062.1—2023	湖北省河湖管护工作指南　第1部分：河湖管护		2023-06-27	2023-08-27
22	DB42/T 2062.2—2023	湖北省河湖管护工作指南　第2部分：河湖长及联系部门巡查		2023-06-27	2023-08-27
23	DB42/T 2063.1—2023	悬铃木　第1部分：少果悬铃木育苗技术规程		2023-06-27	2023-08-27
24	DB42/T 2063.2—2023	悬铃木　第2部分：悬铃木高接换种技术规程		2023-06-27	2023-08-27
25	DB42/T 2064.1—2023	桑黄生产技术规程　第1部分：生产环境要求		2023-06-27	2023-08-27
26	DB42/T 2064.2—2023	桑黄生产技术规程　第2部分：菌种制备		2023-06-27	2023-08-27
27	DB42/T 2065.1—2023	建筑信息模型审查系统规范　第1部分：技术审查规范		2023-06-27	2023-09-27
28	DB42/T 2065.2—2023	建筑信息模型审查系统规范　第2部分：模型交付规范		2023-06-27	2023-09-27
29	DB42/T 2065.3—2023	建筑信息模型审查系统规范　第3部分：数据交付规范		2023-06-27	2023-09-27
30	DB42/T 1700.4—2022	化肥农药减施增效技术规程　第4部分：柑橘		2023-06-27	2023-08-27
31	DB42/T 1700.5—2022	化肥农药减施增效技术规程　第5部分：油菜		2023-06-27	2023-08-27
32	DB42/T 1975.1—2023	数字乡村建设规范　第1部分：数据库建设		2023-06-27	2023-08-27
33	DB42/T 2039.2—2023	主要鲜切花采后处理技术规程　第2部分：百合		2023-06-27	2023-08-27

目　　次

前　言

本标准按照 GB/T 1.1—2020《标准化工作导则　第 1 部分：标准化文件的结构和起草规则》的规定起草。

请注意本标准的某些内容可能涉及专利。本标准的发布机构不承担识别专利的责任。

本标准由湖北省水文水资源中心提出。

本标准由湖北省水利厅归口。

本标准起草单位：湖北省水文水资源中心、湖北亿立能科技股份有限公司、湖北省十堰市水文水资源勘测局、湖北省襄阳市水文水资源勘测局、湖北省恩施州水文水资源勘测局、湖北省宜昌市水文水资源勘测局、湖北省武汉市水文水资源勘测局、湖北省孝感市水文水资源勘测局、湖北省黄石市水文水资源勘测局、湖北省水文水资源应急监测中心。

本标准主要起草人：张幼成、潘晓斌、张新强、张普、潘正文、汪兰芳、晏志伟、王亮、李翔、黄兴阶、陈默、杨宏斌、向延清、肖晒、李昊、伍晓刚、张虎、胡明超、李吉涛、王洪心、王强、王瑞峰、黄新平、曹茂中、赵玲、方祯、汪兴文、毕攀蕾、盛李立、刘华堂、郑慧翔、熊涛、王志强、龚华斌、周浩。

本标准实施应用中的疑问，可咨询湖北省水利厅，联系电话：027-87823559，邮箱：80812372@qq.com。对本标准的修改意见请反馈湖北省水文水资源中心，联系电话：027-87221269，邮箱：253684291@qq.com。

水文自动测报站运行维护技术规范

1 范围

本标准规定了水文自动测报站运行维护的总体要求、设备设施运行维护的具体要求以及备品备件与设备报废、运行维护管理质量控制要求。

本标准适用于湖北省行政区划内的水文自动测报站运行维护。

2 规范性引用文件

下列文件中的内容通过文中的规范性引用而构成本标准必不可少的条款。其中，注日期的引用文件，仅该日期对应的版本适用于本标准；不注日期的引用文件，其最新版本（包括所有的修改单）适用于本标准。

GB 19517　国家电气设备安全技术规范

GB/T 41368　水文自动测报系统技术规范

GB/T 50095　水文基本术语和符号标准

GB/T 50138　水位观测标准

GB/T 51040　地下水监测工程技术规范

SL 21　降水量观测规范

SL 58　水文测量规范

SL 364　土壤墒情监测规范

3 术语和定义

GB/T 41368、GB/T 50095 界定的以及下列术语和定义适用于本标准。

3.1

水文自动测报站　hydrological data auto－acquisition and transmission station

应用传感、遥测、通信和网络技术，完成水文、水资源等要素实时自动采集、传输的水文测站。本标准所称的水文自动测报站按照观测项目分为降水量自动测报站（简称雨量站）、水面蒸发自动测报站（简称蒸发站）、水位自动测报站（简称水位站）、流量自动测报站（简称流量站）、土壤墒情自动测报站（简称墒情站）、地下水自动测报站（简称地下水站）等类别。

　　［来源：GB/T 50095—2014，11.12.1，有修改］

3.2

中心站　center station

在水文自动测报站组建的系统中，负责实时数据收集、处理和发布，并根据需要能对水文自动测报站进行遥控/遥调的控制中心。

　　［来源：GB/T 41368—2022，3.6，有修改］

3.3

基本站　basic national hydrometric station

为公用目的经统一规划而设立，能获取基本水文要素值多年变化资料的水文测站，是国家基本水文测站的简称。

　　［来源：GB/T 50095—2014，3.2.1，有修改］

3.4

专用站 special hydrometric station

为科学实验研究、工程建设和运行管理、专项业务系统运用、专门技术服务等特定目的而设立的水文测站，是专用水文测站的简称。

［来源：GB/T 50095—2014，3.2.2，有修改］

3.5

汛期 flood season

河流在一年中有规律发生洪水的时期。湖北省一般指每年 5 月 1 日至 10 月 15 日，其余时期为非汛期。

［来源：GB/T 50095—2014，6.1.7，有修改］

3.6

数据畅通率 data accessible rate over a period of time ratio

在一定时间内，水文自动测报站报送到中心站正确数据的次数与应报次数的百分比。

3.7

数据月平均畅通率 data accessible rate on monthly average

每月所有水文自动测报站报送到中心站正确数据的次数与应报次数的百分比。

3.8

洪水 flood

河、湖在较短时间内发生的流量急剧增加、水位明显上升的水流现象。洪水等级是以水文要素重现期为标准划分为 4 个等级：洪水要素重现期小于 5 年的洪水，为小洪水；洪水要素重现期为大于或等于 5 年、小于 20 年的洪水，为中等洪水；洪水要素重现期为大于等于 20 年、小于 50 年的洪水，为大洪水；洪水要素重现期大于等于 50 年的洪水，为特大洪水。

注：水文要素包括洪峰水位（流量）或时段最大洪量。

［来源：GB/T 50095—2014，2.3.24］

4 缩略语

下列缩略语适用于本标准。

ADCP：声学多普勒流速剖面仪（Acoustic Doppler Current Profiler）

H－ADCP：水平式声学多普勒流速剖面仪（Horizontal ADCP）

V－ADCP：垂向声学多普勒流速剖面仪（Vertical ADCP）

4G：第四代移动通信系统（The 4th Generation Mobile Communication Technology）

5G：第五代移动通信系统（The 5th Generation Mobile Communication Technology）

GSM：全球移动通信系统（Global System for Mobile Communications）

GPRS：GSM 系统的通用分组无线业务（General Packet Radio Service）

5 总体要求

5.1 运行维护由专业技术人员进行现场检查维护和远程监视，并保证设备设施运行状态正常，数据准确、可靠。

5.2 运行维护项目包括监测环境、仪器设备、配套设施等方面内容。

5.3 监测环境是指为监测水文信息所必需的区域构成的立体空间；一般包括监测河段、观测场地等周边环境。

5.4 仪器设备一般包括水文要素传感器、遥测终端机、通信设备、电源等。

5.5 配套设施一般包括水文站房、水位测井、渡河设施、水尺、观测道路、观测场、标志标识等。

5.6 自动测报站运行情况应进行监视；监视频次汛期每天应不少于2次，2次时间间隔应不小于4h，非汛期每天应不少于1次；每日北京时间7—8时应监视1次。

5.7 设备出现故障时，基本站应在24 h内排除故障，专用站应在48h内排除故障，灾害天气等不可抗力情况下，应采取相应补救措施。

6 自动测报站运行维护

6.1 雨量站运行维护

6.1.1 一般规定

雨量站运行维护要求如下：

a) 雨量站检查维护每年应不少于2次，汛期前应完成1次检查维护；24h降雨量超过200mm后，应对暴雨中心区域的雨量站检查维护1次。

b) 观测场地和周边环境应符合SL 21的相关规定。

c) 雨量站机箱应无破损、锈蚀、渗水，杆式雨量站的立杆、基座、固定件应牢固可靠，无锈蚀、变形。

d) 检查维护记录表格式见附录A表A.1、表A.2。

6.1.2 设备设施维护

设备设施维护要求如下：

a) 翻斗雨量计。

1) 雨量计应竖直稳固，承雨器口应水平，工作平台气泡应居中水平。

2) 雨量计外观应光滑整洁，无凹陷、毛刺、裂缝、锈蚀，筒身无渗漏。

3) 防虫网、漏嘴、漏斗、翻斗、集水罐及筒身内部各部件应洁净、无破损、松动，过水部件应汇流畅通无堵塞。

4) 翻斗翻转应灵活无阻滞，干簧管安装应正确，信号输出应正常。

5) 雨量信号线连接应牢固可靠。

6) 每年汛期前检查维护时应开展注水试验，注水试验后应清除试验留存水量和试验数据，测量误差和试验方法应符合SL 21的相关规定。

b) 称重式雨量计。

1) 雨量计内外应洁净，过水部件应畅通无堵塞，工作平台气泡应居中水平。

2) 雨量计结冰前应在储水器内加入防冻液，非结冰期应及时清理防冻液，将储水器清洗干净。

3) 称重传感器称重计量应满足要求，工作电压、电流应正常，信号传输应正常。

4) 带有电子放水阀门的称重雨量计，电子放水阀门应工作正常。

5) 每年汛期前检查维护时应开展注水试验，注水试验后应清除试验留存水量和试验数据，测量误差和试验方法参照SL 21的相关规定。

c) 遥测终端机及通信设备。

1) 每年应进行不少于1次遥测终端机及通信设备的检查维护。

2) 遥测终端机外观应无破损、锈蚀，密封良好。

3) 遥测终端机的电源线、数据线连接应牢固可靠。

4) 遥测终端机应能自动采集、存储、传输数据。

5) 遥测终端机应能获取基准时钟自动校时，校时误差应满足要求。

6) 通信设备的电源线、数据线、天馈线连接应牢固可靠。

7）通信设备应能正常通信，有主、备信道的应能正常切换。

d）电源与防雷。

1）电池负载电压应不低于电池额定电压且使用年限不超过 5 年，不满足要求应更换电池。

2）充电控制器应保证充电电流、输出电压正常。

3）太阳能板受光面应保持洁净，开路电压正常。

4）避雷针与接地体（网）连接应牢固，接地电阻应小于 10Ω，不符合要求应做记录并处置。

6.2 水位站运行维护

6.2.1 一般规定

水位站运行维护要求如下：

a）基本水位站每年应在汛期前、汛期中、汛期后进行 3 次全面检查维护；专用水位站每年应在汛期前进行 1 次全面检查维护；大洪水过后，应对水位站进行 1 次全面的检查维护。

b）基本水位站每旬校测应不少于 1 次，专用水位站每季度校测应不少于 1 次，洪水过后应及时校测；校测工作应符合 GB/T 50138 的相关规定。

c）测量精度不满要求时应更换水位传感器，更换时其精度和量程应满足断面观测要求。

d）水尺、水准点应按照 SL 58 的标准检查维护。

e）检查维护记录表格式见附录 A 表 A.3～表 A.7。

6.2.2 设备设施维护

设备设施维护要求如下：

a）浮子式水位计。

1）水位计应稳固水平，水位轮转动应灵活，编码器计数应正常。

2）电源、数据线连接应牢固可靠。

3）钢丝绳应无锈蚀、缠绕、断丝，与水位轮之间无滑动，浮子应无破损。

4）测井内应无影响浮子上下浮动的杂物，确保浮子上下浮动正常。

5）测井井底、进水口和沉沙池有淤积时应进行清淤。

b）气泡式水位计。

1）电源、数据线连接应牢固可靠。

2）气泵应正常启停。

3）气管应通畅不漏气，应顺直向下倾斜。

4）每年对水下气容固定状态和泥沙淤积情况的检查应不少于 1 次，淤积时应采取措施保证水位采集正常。

5）重新安装气容时应进行校测。

c）投入式水位计。

1）电源、数据线连接应牢固可靠。

2）探头应洁净、无损伤，如有污染应进行清洁。

3）每年对探头固定状态和泥沙淤积情况的检查应不少于 1 次，淤积时应采取措施保证水位采集正常。

4）重新安装探头时应进行校测。

5）通气管及线缆应正常。

d）雷达式水位计。

1）探头应稳固，应垂直于水面。

2）电源、数据线连接应牢固可靠。

3）探头照射范围内应无遮挡物。

4）立杆、基座、固定件应牢固可靠，无锈蚀、变形。

e）电子水尺。

    1）电子水尺周围应无影响监测的杂物，尺面应洁净、标识应清晰无锈蚀。

    2）电子水尺应垂直、稳固。

    3）信号线、传输信号应正常。

f）遥测终端机及通信设备的维护见 6.1.2c）。

g）电源与防雷设备的维护见 6.1.2d）。

6.3 流量站运行维护

6.3.1 一般规定

流量站运行维护要求如下：

a）流量站检查维护每年应不少于 2 次，汛期前应开展 1 次常规保养，保持设备的外观整洁，性能稳定，确保参数设置正确，通信畅通；当断面发生变化时，应及时测量断面，并检查维护。

b）流量站水位设备设施按照 6.2 的规定运行维护。

c）检查维护记录表格式见附录 A 表 A.8～表 A.11。

6.3.2 设备设施维护

设备设施维护要求如下：

a）固定式 ADCP。

    1）固定式 ADCP 包含 H－ADCP 和 V－ADCP。

    2）在水质较差，水生贝类、藻类较多河段的设备，应增加检查维护频次。

    3）换能器及固定支架、基座安装应牢固，线缆应完好，姿态变化应在允许范围内。

    4）换能器及线缆应无杂物缠绕，换能器发射面无淤泥或泥沙覆盖、水生动植物附着。

    5）H－ADCP 滑道应能正常使用，V－ADCP 设施升降功能应正常。

    6）设备工作电压、电流应正常，信号传输应正常，参数设置应正确。

b）电波（雷达）流速仪。

    1）设备的外观应整洁，箱体、立杆等固定部件应无锈蚀，滑轮磨损情况应不影响正常工作，探头角度应无变化，照射范围内应无遮挡物。

    2）悬臂应稳定牢固，基座应无锈蚀；缆索垂度、起点距发生变化后应重新率定。

    3）设备工作电压、电流应正常，信号传输应正常，参数设置应正确。

c）超声波时差法流量计。

    1）应及时清除换能器的附着物，换能器应牢固，无变形、损伤，位置、朝向应正确。

    2）仪器电缆线应无破损，维修更换后应保持原有的颜色和编码。

    3）设备工作电压、电流应正常，信号传输应正常，参数设置应正确。

    4）换能器安装轨道应牢固、完好。

d）量水建筑物测流系统。

    1）发生中等及以上洪水后应增加检查维护频次。

    2）应及时清理测流堰槽槽底淤积物、堰顶漂浮物。

    3）建筑物外观应完好，无破损变形。

    4）建筑物各部位尺寸在汛期前、汛期后应各校测 1 次，发生中等及以上洪水后应及时校测。

e) 遥测终端机及通信设备的维护见 6.1.2c)。

f) 电源与防雷设备的维护见 6.1.2d)。

6.4 蒸发站运行维护

6.4.1 一般规定

蒸发站运行维护要求如下：

a) 蒸发站检查维护每季度应不少于 1 次；24h 降雨量超过 200mm 后应增加检查频次。

b) 更换影响观测精度的部件时应进行校测，校测时间不少于 30d。

c) 每年汛期前应检查蒸发桶 1 次，蒸发桶应完好不渗水。

d) 蒸发桶中的水应保持洁净，每月应至少换水 1 次；发现桶内水体变色、器壁出现青苔时应换水；换水时应将水圈、液位测量装置、补水装置中的水一并更换。

e) 补水水源应洁净，联通管道、补水与溢流管道应畅通无堵塞。

f) 换水或故障处理应记录开始和结束时间，完成后清除该时段内记录值。

g) 检查维护记录表格式见附录 A 表 A.12。

6.4.2 设备设施维护

设备设施维护要求如下：

a) 雨量观测设备。

1) 液位雨量计应洁净、内部无杂物；浮子液位雨量计的浮子和测量缆连接应牢固，重锤和重锤缆连接应牢固，浮子应能自由浮动，无卡顿；磁伸缩液位雨量计的探杆应无弯曲，浮子在探杆上应能自由浮动，信号传输应正常。

2) 其他雨量观测设备运行维护参照 6.1.2。

b) 液位观测设备。在蒸发桶中加入或取出一定的水量，待水面稳定后，使用人工测针测量前后液位变化值，与自记值进行比测；液位变化值大于 1mm 时允许误差应为 ±0.2mm。

c) 溢流设备。在蒸发桶中加入一定水量，使液位超过最高液面线，应能发生溢流；溢流完成后蒸发桶内液位应在正常液面线范围内。

d) 补水设备。从蒸发桶中取出一定水量，使液位低于最低液面线，应能发生补水；补水完成后蒸发桶内液位应在正常液面线范围内。

e) 遥测终端机及通信设备的维护见 6.1.2c)。

f) 电源设备的维护见 6.1.2d)。

6.5 墒情站运行维护

6.5.1 一般规定

墒情站运行维护要求如下：

a) 检查维护每年应不少于 1 次。

b) 立杆、基座、固定件应牢固可靠，无锈蚀、变形。

c) 保护围栏应完好、无损伤，四周应无水源流入。

d) 每年应对土壤水分自动监测仪器率定；系统出现异常或监测数据偏差较大时，应及时维护和率定，率定方法参照 SL 364 的相关规定。

e) 检查维护记录表格式见附录 A 表 A.13。

6.5.2 设备设施维护

设备设施维护要求如下：

a) 墒情传感器。

    1) 探头埋设应符合 SL 364 的相关规定。

    2) 电源线路、信号线路连接应牢固可靠。

b) 遥测终端机及通信设备的维护见 6.1.2c)。

c) 电源与防雷设备的维护见 6.1.2d)。

6.6 地下水站运行维护

6.6.1 一般规定

地下水站运行维护要求如下：

a) 每年汛期前、汛期后应各检查维护 1 次。

b) 检查维护时应对水位、水温、井深进行校测。

c) 地下水井的清洗、修复应符合 GB/T 51040 的相关规定。

d) 检查维护记录表格式见附录 A 表 A.14。

6.6.2 设备设施维护

设备设施维护要求如下：

a) 水位传感器。

    1) 设备工作状态应正常，各部件应正常上电，正常运行。

    2) 电源线路、信号线路连接应牢固可靠。

    3) 根据水位计的类型，相应的检查维护见 6.2.2。

b) 遥测终端机及通信设备的维护见 6.1.2c)。

c) 电源与防雷设备的维护见 6.1.2d)。

7 备品备件与设备报废

7.1 备品备件

7.1.1 备品备件应按水文自动测报站相应设备总数的 10％～15％ 配置。

7.1.2 备品备件入库应检查外观及合格证，按用途分类存放，存放地点应洁净、干燥、通风良好，入库应填写备品备件储备表；每年汛期前应对备品备件工作性能检测 1 次，检测完成后及时更新备品备件储备表；备品备件储备表格式见附录 B 表 B.1，出库领用申请单格式见附录 B 表 B.2。

7.2 设备报废

满足以下条件之一的设备应报废：

a) 维修后，技术性能不能满足工艺要求和产品质量保证的。

b) 维修费用超过设备价值 50％ 以上的。

c) 因技术规范更新等其他原因淘汰的。

8 运行维护管理

8.1 组织管理

8.1.1 运行维护单位

运行维护单位要求如下：

a) 应具备水文测报系统设计与实施、水文测报设施运行维护的能力，应设置专业岗位和专业技术人员，满足水文自动测报站运行要求。

b）应配备必要的检修工（器）具和交通工具，保证运行维护工作正常进行。

c）应制定上岗人员年度培训计划，每年组织开展不少于 1 次的业务技能和安全生产培训。

d）应制定管理制度，主要内容包括运行维护、检测检修、质量控制、安全管理、档案管理；各项制度内容完整、要求明确，具有针对性和可操作性。

8.1.2 运行维护人员

运行维护人员要求如下：

a）应具备运行维护专业技术能力，熟悉各类自动测报站设备设施的性能，严格执行运行维护的各项技术规定。

b）应定期参加运行维护业务技能和安全生产培训，并通过管理单位的考核。

8.2 安全管理

8.2.1 一般规定

安全管理要求如下：

a）运行维护单位应严格落实安全生产责任制，严禁使用带有安全隐患的设施装备，及时整改安全隐患。

b）运行维护人员野外作业应配备必要的安全防护用具和技术装备，开展运行维护工作前应了解和熟悉工作环境，确保安全。

8.2.2 临水涉水作业安全

临水涉水作业安全要求如下：

a）运行维护人员作业时应时刻关注水情变化，确保作业安全。

b）运行维护人员应穿救生衣、涉水裤，系好安全绳，作业面应采取有效的防滑措施。

8.2.3 高处作业安全

高处作业安全要求如下：

a）高处作业应戴好安全帽、系好安全带，安全带的挂钩应固定在牢固的物体上，防止坠落。

b）大风、大雨等恶劣天气时应停止高处作业。

8.2.4 防雷安全

防雷安全要求如下：

a）雷电发生区域，不应在高处作业，避免使用移动通信设备。

b）雷电发生区域，不宜进入孤立、无防护的构筑物，不应进行维护作业。

8.2.5 用电安全

运行维护涉及电力、电气设备操作的应符合 GB 19517 的相关规定，确保用电安全。

8.2.6 其他安全

其他安全要求如下：

a）进入水位测井等密闭空间前，应确保充分通风，应保证不少于 2 名运行维护人员，确保密闭空间作业安全。

b）驾驶车辆应注意积水、结冰和山区路段，确保行车安全。

8.3 质量考核

8.3.1 质量考核内容包括但不限于以下内容：数据畅通率、检查维护时效和频次、数据准确性、档案完整性。

8.3.2 质量考核内容要求如下：

a）数据月平均畅通率应不低于95％。

b）检查维护时效性和频次按本文件规定的要求执行。

c）数据准确性根据每月数据分析结果确定。

d）档案应包括自动测报站点基本信息、站点检查维护记录表、水文自动测报站设备设施运行维护情况汇总表等。水文自动测报站运行维护情况汇总表格式见附录C。

8.3.3 水文自动测报站运行维护质量考核评价见附录D。

附　录　A

（资料性）

水文自动测报站检查维护记录表格式

表 A.1～表 A.14 给出了水文自动测报站检查维护记录表格式

表 A.1　＿＿＿＿＿＿雨量站检查维护情况记录表（翻斗雨量计）

一、基本信息					
测站编码：　　　　流域：　　　　水系：　　　　河名：　　　　地址：					
观测场类型：（□地面、□杆式、□屋顶）					
雨量计型号：　　　，仪器分辨力　　　　mm					
通信方式：□GSM、□GPRS、□4G、□5G、□卫星					
委托看管人：　　　　联系电话：　　　　检查人：　　　　检查时间：　　年　月　日					
二、检查维护					
内　　　容				检查情况	处理情况
观测场	障碍物情况	仪器至障碍物边缘的距离/m			
		器口至障碍物顶部的高差/m			
	防护栏栅	是否牢固			
	标志标识	是否清晰			
	地面	是否无积水			
		草高/cm			
仪器	基础和立杆	是否稳固			
		是否无锈蚀、无变形			
	机箱	是否无破损、无锈蚀			
	筒身	仪器与基座连接是否牢固			
		工作平台是否水平			
		外壳是否无变形			
	承雨器	是否洁净			
		器口是否水平			
		器口是否无变形			
		器口直径/mm			
	翻斗、发信部件	是否洁净			
		是否无破损、变形			
		过水部件是否畅通			
		翻斗翻转是否灵活、无阻滞			
		干簧管是否安装正确，信号输出是否正常			
	电源系统	线路连接是否牢固			
		太阳能板受光面是否洁净			
		蓄电池电压/V			
		太阳能板开路电压/V			
		充电控制器输出电压/V			
	防雷	避雷针与接地体（网）连接是否牢固			
		接地电阻/Ω			
	遥测终端机及通信设备	校时误差/min			
		线路是否完好			
		通信是否畅通，主、备信道是否能正常切换			
		存储器记录值、传感器输出值与数据中心接收值是否一致			
	注水试验	注入水量/mm			
		仪器记录水量/mm			
		仪器记录水量与注入水量之差/mm			
		测量误差/%			
	复核参数	是否清除存留水量			
		是否清除试验数据			
		复核仪器参数是否正确			
其　他					
注1：不需检查的内容，打"/"。					
注2：检查和处理情况，有数据要求的填写实际数据；无数据要求的，是打"√"，否打"×"并填写处理情况。					

表 A.2 _____雨量站检查维护情况记录表（称重式雨量计）

一、基本信息				
测站编码：	流域：	水系：	河名：	地址：
观测场类型：（□地面、□杆式、□屋顶）				
雨量计型号： ，仪器分辨力 mm				
通信方式：□GSM、□GPRS、□4G、□5G、□卫星				
委托看管人：	联系电话：	检查人：	检查时间： 年 月 日	

二、检查维护				
内　容			检查情况	处理情况
观测场	障碍物情况	仪器至障碍物边缘的距离/m		
		器口至障碍物顶部的高差/m		
	防护栏栅	是否牢固		
	标志标识	是否清晰		
	地面	是否无积水		
		草高/cm		
仪器	基础和立杆	是否稳固		
		是否无锈蚀、无变形		
	机箱	是否无破损、无锈蚀		
	筒身	仪器与基座连接是否牢固		
		工作平台是否水平		
		外壳是否无变形		
	承雨器	是否洁净		
		器口是否水平		
		器口是否无变形		
		器口直径/mm		
	集水器、称重机构	集水器是否洁净		
		集水器是否完好		
		称重机构是否正常		
	电子放水阀门	是否工作正常		
	电源系统	线路连接是否牢固		
		太阳能板受光面是否洁净		
		蓄电池电压/V		
		太阳能板开路电压/V		
		充电控制器输出电压/V		
	防雷	避雷针与接地体（网）连接是否牢固		
		接地电阻/Ω		
	遥测终端机及通信设备	校时误差/min		
		线路是否完好		
		通信是否畅通，主、备信道是否能正常切换		
		存储器记录值、传感器输出值与数据中心接收值是否一致		
	注水试验	注入水量/mm		
		仪器记录水量/mm		
		仪器记录水量与注入水量之差/mm		
		测量误差/%		
	复核参数	是否清除存留水量		
		是否清除试验数据		
		复核仪器参数是否正确		
其　他				
注1：不需检查的内容，打"/"。				
注2：检查和处理情况，有数据要求的填写实际数据；无数据要求的，是打"√"，否打"×"并填写处理情况。				

11

表 A.3 _____水位站检查维护情况记录表（浮子式水位计）

一、基本信息					

测站编码：　　　　流域：　　　　水系：　　　　河名：　　　　地址：

水尺型式：□直立式、□矮桩式、□倾斜式、□其他

水位计型号：　　　　，仪器分辨力：　　　　cm

通信方式：□GSM、□GPRS、□4G、□5G、□卫星

委托看管人：　　　　联系电话：　　　　检查人：　　　　检查时间：　　年　月　日

二、检查维护

内　容			检查情况	处理情况
基础设施	观测平台	是否整洁、稳固		
	观测道路	观测道路、观测环境是否整洁、畅通、安全		
	断面标志	断面标志（断面桩、断面标、基线标）是否完好无损		
	水准点	是否牢固、未损毁		
	水尺	是否牢固、编号无混乱、水尺板清晰		
	测井井底、进水口和沉沙池	是否未淤积		
仪器	水位计	是否牢固、水平		
	水位轮	转动是否灵活		
	编码器	计数是否正常		
	钢丝绳	是否无锈蚀、无缠绕、无断丝、无打滑脱槽		
	浮子	是否无破损，上下浮动是否正常		
	电源系统	线路连接是否牢固		
		太阳能板受光面是否洁净		
		蓄电池电压/V		
		太阳能板开路电压/V		
		充电控制器输出电压/V		
	防雷	避雷针与接地体（网）连接是否牢固		
		接地电阻/Ω		
	遥测终端机及通信设备	校时误差/min		
		线路是否完好		
		通信是否畅通，主、备信道是否能正常切换		
		存储器记录值、传感器输出值与数据中心接收值是否一致		
水位校核	水尺水位	观测时间	时　分	
		水尺水位/m		
	自记水位	自记仪器水位/m		
	差值	水尺水位与自记水位差值/m		
	参数设置	是否正确		
其　他				

注1：不需检查的内容，打"/"。

注2：检查和处理情况，有数据要求的填写实际数据；无数据要求的，是打"√"，否打"×"并填写处理情况。

表 A.4 _____ 水位站检查维护情况记录表（气泡式水位计）

一、基本信息			
测站编码：　　　　　　流域：　　　　　　水系：　　　　　河名：　　　　　　地址：			
水尺型式：□直立式、□矮桩式、□倾斜式、□其他			
水位计型号：　　　　　，仪器分辨力：　　　　cm，采集时间间隔：　　　　min			
通信方式：□GSM、□GPRS、□4G、□5G、□卫星			
委托看管人：　　　　联系电话：　　　　　检查人：　　　　检查时间：　　年　月　日			

二、检查维护				
内　　　容			检查情况	处理情况
基础设施	观测平台	是否整洁、稳固		
	观测道路	观测道路、观测环境是否整洁、畅通、安全		
	断面标志	断面标志（断面桩、断面标、基线标）是否完好无损		
	水准点	是否牢固、未损毁		
	水尺	是否牢固、编号无混乱、水尺板清晰		
仪器	气容	是否牢固、无堵塞、无淤积		
	气管	是否顺直、无漏气、无堵塞		
	气泵	是否工作正常		
	电源系统	线路连接是否牢固		
		太阳能板受光面是否洁净		
		蓄电池电压/V		
		太阳能板开路电压/V		
		充电控制器输出电压/V		
	防雷	避雷针与接地体（网）连接是否牢固		
		接地电阻/Ω		
	遥测终端机及通信设备	校时误差/min		
		线路是否完好		
		通信是否畅通，主、备信道是否能正常切换		
		存储器记录值、传感器输出值与数据中心接收值是否一致		
水位校核	水尺水位	观测时间	时　　分	
		水尺水位/m		
	自记水位	自记仪器水位/m		
	差值	水尺水位与自记水位差值/m		
	参数设置	是否正确		
其　他				
注1：不需检查的内容，打"/"。 注2：检查和处理情况，有数据要求的填写实际数据；无数据要求的，是打"√"，否打"×"并填写处理情况。				

表 A. 5 _____水位站检查维护情况记录表（投入式水位计）

一、基本信息					
测站编码： 流域： 水系： 河名： 地址：					
水尺型式：□直立式、□矮桩式、□倾斜式、□其他					
水位计型号： ，仪器分辨力： cm					
通信方式：□GSM、□GPRS、□4G、□5G、□卫星					
委托看管人： 联系电话： 检查人： 检查时间： 年 月 日					

二、检查维护					
内　　容			检查情况		处理情况
基础设施	观测平台	是否整洁、稳固			
	观测道路	观测道路、观测环境是否整洁、畅通、安全			
	断面标志	断面标志（断面桩、断面标、基线标）是否完好无损			
	水准点	是否牢固、未损毁			
	水尺	是否牢固、编号无混乱、水尺板清晰			
仪器	探头	是否牢固、洁净、无损伤			
		是否无污染			
	通气管及线缆	是否正常			
	电源系统	线路连接是否牢固			
		太阳能板受光面是否洁净			
		蓄电池电压/V			
		太阳能板开路电压/V			
		充电控制器输出电压/V			
	防雷	避雷针与接地体（网）连接是否牢固			
		接地电阻/Ω			
	遥测终端机及通信设备	校时误差/min			
		线路是否完好			
		通信是否畅通，主、备信道是否能正常切换			
		存储器记录值、传感器输出值与数据中心接收值是否一致			
水位校核	水尺水位	观测时间	时　分		
		水尺水位/m			
	自记水位	自记仪器水位/m			
	差值	水尺水位与自记水位差值/m			
	参数设置	是否正确			
	其　他				
注1：不需检查的内容，打"/"。					
注2：检查和处理情况，有数据要求的填写实际数据；无数据要求的，是打"√"，否打"×"并填写处理情况。					

表 A.6 _____水位站检查维护情况记录表（雷达式水位计）

一、基本信息						
测站编码：	流域：	水系：	河名：		地址：	
水尺型式：□直立式、□矮桩式、□倾斜式、□其他						
水位计型号：　　，仪器分辨力：　　cm						
通信方式：□GSM、□GPRS、□4G、□5G、□卫星						
委托看管人：	联系电话：		检查人：	检查时间：　　年　月　日		

		二、检查维护		
		内　　容	检查情况	处理情况
基础设施	观测平台	是否整洁、稳固		
	观测道路	观测道路、观测环境是否整洁、畅通、安全		
	断面标志	断面标志（断面桩、断面标、基线标）是否完好无损		
	水准点	是否牢固、未损毁		
	水尺	是否牢固、编号无混乱、水尺板清晰		
仪器	探头	是否垂直于水面		
		照射范围内是否无遮挡		
	电源系统	线路连接是否牢固		
		太阳能板受光面是否洁净		
		蓄电池电压/V		
		太阳能板开路电压/V		
		充电控制器输出电压/V		
	防雷	避雷针与接地体（网）连接是否牢固		
		接地电阻/Ω		
	遥测终端机及通信设备	校时误差/min		
		线路是否完好		
		通信是否畅通，主、备信道是否能正常切换		
		存储器记录值、传感器输出值与数据中心接收值是否一致		
水位校核	水尺水位	观测时间	时　　分	
		水尺水位/m		
	自记水位	自记仪器水位/m		
	差值	水尺水位与自记水位差值/m		
	参数设置	是否正确		
	其　他			
注1：不需检查的内容，打"/"。 注2：检查和处理情况，有数据要求的填写实际数据；无数据要求的，是打"√"，否打"×"并填写处理情况。				

表 A.7 _____水位站检查维护情况记录表（电子水尺）

一、基本信息				
测站编码： 流域： 水系： 河名： 地址：				
水尺型式：□电容式、□触电式、□磁伸缩式、□其他				
水位计型号： ，仪器分辨力： cm				
通信方式：□GSM、□GPRS、□4G、□5G、□卫星				
委托看管人： 联系电话： 检查人： 检查时间： 年 月 日				

二、检查维护				
内　容			检查情况	处理情况
基础设施	观测道路	观测道路、观测环境是否整洁、畅通、安全		
	断面标志	断面标志（断面桩、断面标、基线标）是否完好无损		
	水准点	是否牢固、未损毁		
	水尺	是否牢固、编号无混乱、水尺板清晰		
仪器	电子水尺	周围是否无影响监测的杂物		
		是否垂直、稳固，读数是否正常		
		尺面是否洁净、无锈蚀		
	电源系统	线路连接是否牢固		
		太阳能板受光面是否洁净		
		蓄电池电压/V		
		太阳能板开路电压/V		
		充电控制器输出电压/V		
	防雷	避雷针与接地体（网）连接是否牢固		
		接地电阻/Ω		
	遥测终端机及通信设备	校时误差/min		
		线路是否完好		
		通信是否畅通，主、备信道是否能正常切换		
		存储器记录值、传感器输出值与数据中心接收值是否一致		
水位校核	水尺水位	观测时间	时　分	
		水尺水位/m		
	自记水位	自记仪器水位/m		
	差值	水尺水位与自记水位差值/m		
	参数设置	是否正确		
其　他				
注1：不需检查的内容，打"/"。 注2：检查和处理情况，有数据要求的填写实际数据；无数据要求的，是打"√"，否打"×"并填写处理情况。				

16

表 A.8 _____流量站检查维护情况记录表（固定式 ADCP）

一、基本信息							
测站编码：		流域：		水系：	河名：	地址：	
安装方式：（□H‑ADCP、□漂浮 V‑ADCP、□坐底 V‑ADCP）					换能器频率：	Hz	
仪器型号：	，序列号：		，仪器编号：		，生产日期：		
通信方式：□GSM、□GPRS、□4G、□5G、□卫星　采用断面测量时间：							
委托看管人：		联系电话：		检查人：	检查时间：	年　月　日	

二、检查维护					
内　容				检查情况	处理情况
测验环境	测验河段	是否未受工程或其他情况影响			
	断面情况	断面是否未发生变化			
		是否没有影响流速分布的季节性水生植物			
	断面标志	断面标志（断面桩、断面标、基线标）是否完好无损			
仪器	配套设施	遥测设施外观是否无损坏、锈蚀、老化现象			
		设备支架是否稳固			
		机箱是否干净整洁			
		滑道是否能使用正常			
		设备升降功能是否正常			
	换能器	是否无变形、无损伤			
		是否无杂物及水草等缠绕；是否未被淤泥或泥沙覆盖			
		姿态变化是否在允许范围内			
	电源系统	线路连接是否牢固			
		太阳能板受光面是否洁净			
		蓄电池电压/V			
		太阳能板开路电压/V			
		充电控制器输出电压/V			
	防雷	避雷针与接地体（网）连接是否牢固			
		接地电阻/Ω			
	遥测终端机及通信设备	校时误差/min			
		线路是否完好			
		通信是否畅通，主、备信道是否能正常切换			
		存储器记录值、传感器输出值与数据中心接收值是否一致			
	复核参数	仪器参数设置是否正确			
		测试系统工作状态是否正常			
其　他					
注1：不需检查的内容，打"/"。					
注2：检查和处理情况，有数据要求的填写实际数据；无数据要求的，是打"√"，否打"×"并填写处理情况。					

表 A.9 _____流量站检查维护情况记录表［电波（雷达）流速仪］

一、基本信息						
测站编码： 流域： 水系： 河名： 地址：						
安装方式：□定点式（个探头）、□单轨移动式、□双轨移动式						
仪器型号： ，序列号： ，仪器编号： ，生产日期：						
通信方式：□GSM、□GPRS、□4G、□5G、□卫星 采用断面测量时间：						
委托看管人： 联系电话： 检查人： 检查时间： 年 月 日						

二、检查维护				
内　容			检查情况	处理情况
测验环境	测验河段	是否未受工程或其他情况影响		
	断面情况	断面是否未发生变化		
		是否没有影响流速分布的季节性水生植物		
	断面标志	断面标志（断面桩、断面标、基线标）是否完好无损		
仪器	配套设施	遥测设施外观是否无损坏、锈蚀、老化现象		
		设备支架是否稳固		
		机箱是否干净整洁		
		滑轮磨损情况是否不影响正常工作		
		缆索垂度、起点距变化是否未超过规定范围		
	探头	是否无变形、无损伤		
		照射范围内是否无遮挡		
	电源系统	线路连接是否牢固		
		太阳能板受光面是否洁净		
		蓄电池电压/V		
		工作电流/A		
		太阳能板开路电压/V		
		充电控制器输出电压/V		
	防雷	避雷针与接地体（网）连接是否牢固		
		接地电阻/Ω		
	遥测终端机及通信设备	校时误差/min		
		线路是否完好		
		通信是否畅通，主、备信道是否能正常切换		
		存储器记录值、传感器输出值与数据中心接收值是否一致		
	复核参数	仪器参数设置是否正确		
		重新开机后测试系统工作状态是否正常		
其　他				
注1：不需检查的内容，打"/"。 注2：检查和处理情况，有数据要求的填写实际数据；无数据要求的，是打"√"，否打"×"并填写处理情况。				

表 A.10 _____流量站检查维护情况记录表（超声波时差法流量计）

一、基本信息						
测站编码：		流域：	水系：	河名：	地址：	
工作方式：□单声道、□交叉声道、□响应工作方式、□多层声道（层）、□其他						
仪器型号：	，序列号：		，仪器编号：		，生产日期：	
通信方式：□GSM 或 GPRS、□4G、□5G、□卫星　采用断面测量时间：						
委托看管人：	联系电话：		检查人：	检查时间：　年　月　日		
二、检查维护						
内　容					检查情况	处理情况
测验环境	测验河段	是否未受工程或其他情况影响				
	断面情况	断面是否未发生变化				
		是否没有影响流速分布的季节性水生植物				
	断面标志	断面标志（断面桩、断面标、基线标）是否完好无损				
仪器	配套设施	遥测设施外观是否无损坏、锈蚀、老化现象				
		设备支架是否稳固				
		机箱是否干净整洁				
		电缆是否完好无破损，防护状态是否正常				
	换能器	是否无变形、无损伤				
		是否无杂物及附着物				
		位置是否正确				
		朝向是否正确				
	电源系统	线路连接是否牢固				
		太阳能板是否洁净				
		蓄电池电压/V				
		太阳能板开路电压/V				
		充电控制器输出电压/V				
	防雷	避雷针与接地体（网）连接是否牢固				
		接地电阻/Ω				
	遥测终端机及通信设备	校时误差/min				
		线路是否完好				
		通信是否畅通，主、备信道是否能正常切换				
		存储器记录值、传感器输出值与数据中心接收值是否一致				
	复核参数	仪器参数设置是否正确				
		测试系统工作状态是否正常				
其　他						
注1：不需检查的内容，打"/"。						
注2：检查和处理情况，有数据要求的填写实际数据；无数据要求的，是打"√"，否打"×"并填写处理情况。						

表 A.11 _____流量站检查维护情况记录表（量水建筑物法测流系统）

一、基本信息

测站编码：　　　流域：　　　水系：　　　河名：　　　地址：

量水建筑物类型：（□测流堰、□测流槽）　量水建筑物型式：

委托看管人：　　联系电话：　　检查人：　　检查时间：　　年　月　日

二、检查维护

内　　容			检查情况	处理情况
测验环境	测验河段	是否未受工程或其他情况影响		
	断面情况	断面是否未发生变化		
		是否没有影响流速分布的季节性水生植物		
	断面标志	断面标志（断面桩、断面标、基线标）是否完好无损		
量水建筑物	外观	外观是否完好；是否无破裂、沉陷现象		
		表面光洁度是否无变化		
		槽底是否无淤积		
		堰顶是否无漂浮物		
	结构尺寸	宽度/m		
		底部高程/m		
其　他				

注1：不需检查的内容，打"/"。
注2：检查和处理情况，有数据要求的填写实际数据；无数据要求的，是打"√"，否打"×"并填写处理情况。

表 A.12 _____蒸发站检查维护情况记录表

一、基本信息						
测站编码： 流域： 水系： 河名： 地址：						
蒸发器型号：□E601、□E601B、□其他，仪器分辨力：　　　mm						
通信方式：□GSM、□GPRS、□4G、□5G、□卫星						
委托看管人： 联系电话： 检查人： 检查时间： 年 月 日						
二、检查维护						
内 容				检查情况	处理情况	
观测场	防护栏栅	是否牢固				
	标志标识	是否清晰				
	地面	是否无积水				
		草高/cm				
	遮挡率	是否符合要求				
仪器	蒸发器	器身是否无裂纹、外壳无变形				
		器口是否水平、无变形				
		是否无渗漏				
		水质是否洁净、无苔藓				
	液位观测设备	是否工作正常				
	补水设备	自动蒸发器进、出水管是否畅通				
		控制、感应是否灵敏				
	溢流设备	排水孔、溢流胶管是否正常				
		控制、感应是否灵敏				
	电源系统	线路连接是否牢固				
		太阳能板是否洁净				
		蓄电池电压/V				
		太阳能板开路电压/V				
		充电控制器输出电压/V				
	遥测终端机及通信设备	校时误差/min				
		线路是否完好				
		通信是否畅通，主、备信道是否能正常切换				
		存储器记录值、传感器输出值与数据中心接收值是否一致				
	参数设置	是否正确				
其 他						
注1：不需检查的内容，打"/"。 注2.检查和处理情况，有数据要求的填写实际数据；无数据要求的，是打"√"，否打"×"并填写处理情况。						

表 A.13 _____墒情站检查维护情况记录表

一、基本信息						
测站编码：	流域：		水系：	河名：		地址：
传感器类别：□插针式、□预埋管式、□导管式、□其他						
通信方式：□GSM、□GPRS、□4G、□5G、□卫星						
委托看管人：	联系电话：		检查人：	检查时间：	年 月 日	
二、检查维护						
内　　容					检查情况	处理情况
观测场	立杆、基座	是否牢固可靠，是否无锈蚀、无变形				
	保护围栏	是否完好				
	地面	四周是否无水源流入				
仪器	传感器	传感器线路连接是否无断裂、破损、老化				
	电源系统	线路连接是否牢固				
		太阳能板是否洁净				
		蓄电池电压/V				
		太阳能板开路电压/V				
		充电控制器输出电压/V				
	防雷	避雷针与接地体（网）连接是否牢固				
		接地电阻/Ω				
	遥测终端机及通信设备	校时误差/min				
		线路是否完好				
		通信是否畅通，主、备信道是否能正常切换				
		存储器记录值、传感器输出值与数据中心接收值是否一致				
	参数设置	是否正确				
	其　他					
注1：不需检查的内容，打"/"。 注2：检查和处理情况，有数据要求的填写实际数据；无数据要求的，是打"√"，否打"×"并填写处理情况。						

表 A.14 _____地下水站检查维护情况记录表

一、基本信息				
测站编码： 流域： 水系： 河名： 地址：				
水位计类型：□浮子式、□其他 ，仪器分辨力： cm，水温传感器分辨力： ℃				
水位起算固定点高程： m，地面高程： m，井深： m，井径： m				
通信方式：□GSM、□GPRS、□4G、□5G、□卫星				
委托看管人： 联系电话： 检查人： 检查时间： 年 月 日				

二、检查维护				
内　　容			检查情况	处理情况
基础设施	水准点	是否牢固		
	固定点	是否完好无损		
	保护筒、仪器室	是否牢固、完好无损		
	防护设施	是否牢固、无损坏		
仪器	传感器	是否正常		
	电源系统	线路连接是否牢固		
		太阳能板是否洁净		
		蓄电池电压/V		
		太阳能板开路电压/V		
		充电控制器输出电压/V		
	防雷	避雷针与接地体（网）连接是否牢固		
		接地电阻/Ω		
	遥测终端机及通信设备	校时误差/min		
		线路是否完好		
		通信是否畅通，主、备信道是否能正常切换		
		存储器记录值、传感器输出值与数据中心接收值是否一致		
	人工校测	观测时间	时　分	
		人工测量水位/m		
		自记仪器水位/m		
		人工观测水温/℃		
		自记仪器水温/℃		
		井深/m		
	参数设置	是否正确		
其　他				
注1：不需检查的内容，打"/"。 注2：检查和处理情况，有数据要求的填写实际数据；无数据要求的，是打"√"，否打"×"并填写处理情况。				

附 录 B

（资料性）

水文自动测报站备品备件储备表格式

表 B.1、表 B.2 给出了水文自动测报站备品备件储备表格式。

表 B.1 _____水文自动测报站备品备件储备表（_____年度）

名称	规格型号	设备序列号	出厂日期	购置日期	储存地点	备注

表 B.2 _____水文自动测报站备品备件领用申请单

	名称	
领用计划	规格型号	
	设备序列号	
	领用数量	
	紧急程度	
	领用性质	
	使用地点	
领用说明	经办人： 年 月 日	
领用部门	负责人： 年 月 日	
主管单位	负责人： 年 月 日	
注：紧急程度填"一般""急""紧急"；领用性质填"领用""调拨"。		

附　录　C
（资料性）
水文自动测报站运行维护记录表格式

表 C.1 给出了水文自动测报站运行维护记录表格式。

表 C.1 _____运行维护情况汇总表（_____年度）

序号	测站名称	运行维护时间	存在问题	处理情况	备注

汇总人：

附 录 D

（资料性）

水文自动测报站运行维护质量考核表格式

表 D.1 给出了水文自动测报站运行维护质量考核表格式。

表 D.1 运行维护质量考核表

考核内容	赋分/分	考 核 标 准	得分/分	备注
数据月平均畅通率	25	按全年最低数据月平均畅通率考核，数据月平均畅通率不低于95%。98%以上得25分，96%～97%得20分，95%～96%得15分，低于95%不得分		
检查维护时效性、频次	25	按本标准规定的要求执行。检查维护时效性不满足要求时每站每次扣1分；频次不满足要求每站每次扣2分		
数据准确性	30	根据实际分析结果确定。在自动测报站测量范围内，数据出现异常连续超过24h，每站每次扣1分，连续超过48h，每站每次扣2分。连续超过48h后，每超过24h扣2分		
档案完整性	10	包括自动测报站点基本信息、站点检查维护记录、设施设备运行维护情况汇总表。每站缺一项扣1分		
安全生产	10	发生安全事故视情况扣3～10分		
注：满分为100分，单项扣分直至扣完为止。发生人身死亡安全事故质量考核不得分。				

运维单位：　　　　　　考核单位：　　　　　　考核人：　　　　　　考核日期：